崔玉涛：

藏在24节气里的96个健康细节

崔玉涛 著

北京出版集团
北京出版社

图书在版编目（CIP）数据

崔玉涛：藏在24节气里的96个健康细节 / 崔玉涛著. —
北京：北京出版社，2022.2
ISBN 978-7-200-16363-6

Ⅰ.①崔… Ⅱ.①崔… Ⅲ.①婴幼儿—哺育—基本知
识 Ⅳ.①TS976.31

中国版本图书馆CIP数据核字（2022）第015981号

崔玉涛：藏在24节气里的96个健康细节
CUI YUTAO: CANG ZAI 24 JIEQI LI DE 96 GE JIANKANG XIJIE

崔玉涛 著

出 版	北京出版集团	
	北 京 出 版 社	
地 址	北京北三环中路6号	
邮 编	100120	
网 址	www.bph.com.cn	
总发行	北京出版集团	
经 销	新华书店	
印 刷	河北宝昌佳彩印刷有限公司	
版印次	2022年2月第1版	2022年2月第1次印刷
开 本	787毫米×1092毫米	1/32
印 张	8	
字 数	28.8千字	
书 号	ISBN 978-7-200-16363-6	
定 价	88.00元	

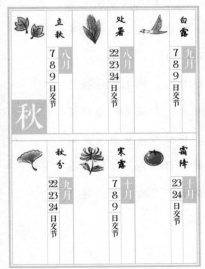

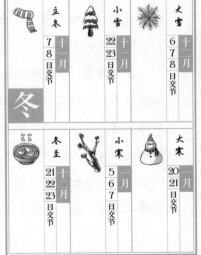

春

立春	雨水	惊蛰
3 4 5 日交节 二月	18 19 20 日交节 二月	5 6 7 日交节 三月

春分	清明	谷雨
20 21 日交节 三月	4 5 6 日交节 四月	19 20 21 日交节 四月

夏

立夏	小满	芒种
5 6 7 日交节 五月	20 21 22 日交节 五月	5 6 7 日交节 六月

夏至	小暑	大暑
21 22 日交节 六月	6 7 8 日交节 七月	22 23 24 日交节 七月

秋

立秋	处暑	白露
7 8 9 日交节 八月	22 23 24 日交节 八月	7 8 9 日交节 九月

秋分	寒露	霜降
22 23 24 日交节 九月	7 8 9 日交节 十月	23 24 日交节 十月

冬

立冬	小雪	大雪
7 8 日交节 十一月	22 23 日交节 十一月	6 7 8 日交节 十二月

冬至	小寒	大寒
21 22 23 日交节 十二月	5 6 7 日交节 一月	20 21 日交节 一月

崔玉涛

　　知名儿科专家，拥有 800
万微博粉丝。现任北京崔玉涛
诊所院长。

　　崔玉涛医生 1986 年毕业于
首都医科大学儿科系，从事儿
科临床工作 30 余年，对新生儿及婴幼儿医学领域有
较为全面的了解和实践经验，特别擅长婴儿生长发
育监测及婴幼儿营养指导与疾病预防。

　　工作之余，崔玉涛医生结合自己的工作经验与
研究成果，通过多种方式和平台，为家长们进行健
康科学育儿知识的普及教育。曾出版《崔玉涛宝贝
健康公开课》，崔玉涛谈自然养育系列，崔玉涛讲
给孩子的身体健康书系列，崔玉涛讲给孩子的健康
素养课系列等图书，深受大众喜爱。

序

　　中国传统文化之 24 节气，不仅影响着自然界万物，而且对于人体健康有着非常重要的指导作用。人类健康离不开自然，人类健康应尊重自然，同时又具有个性特征。我们要顺应自然规律，将医学科学、营养、心理、运动保健融为一体，才能保持健康、防控疾病。

　　本书以中华传统的 24 节气为时间轴，通过阐述节气特征、儿童发育特性，结合目前家庭养育状况，从疾病防控、营养保障、运动保健、心理引导四大方面给广大家长和儿童相关工作者一些生活中切实可行的建议指导，不仅促进儿童健康，也能减少养育焦虑。

　　希望通过本书拉近人与自然、自然与科学的距离，拉近你和我，一起为儿童健康努力！

2022 年 1 月 9 日

目录

立春

立春又叫"报春""打春"，"立"是开始的意思。

每年公历 2 月 3 4 5 日交节

京中正月七日立春

唐·罗隐

一二三四五六七，

万木生芽是今日。

远天归雁拂云飞，

近水游鱼迸冰出。

春季常见病来袭，做足功课好防护

虽然不同疾病的防控方式略有差异，但基本预防措施是共通的。

立春时节，是流感、麻疹、水痘、流行性腮腺炎、猩红热、手足口病等呼吸道传染病的**高发季节。**

这些疾病大多来势凶猛，有些还可能伴随较为严重的并发症，因此大家要特别注意做好防控。虽然不同疾病的防控方式略有差异，但**基本预防措施**是共通的：

1. 多开窗，勤通风，雾霾时也别犯懒，空气净化器放窗边。

2. 小朋友的社交不能丢，一起玩耍手拉手，注意别往人堆凑。

3. 饭前、便后、**喷嚏后**记得认真洗手，毛巾、牙刷不借他人。

4. 多运动、吃好饭，养成生活好习惯。

疫苗接种,
为什么这么重要?

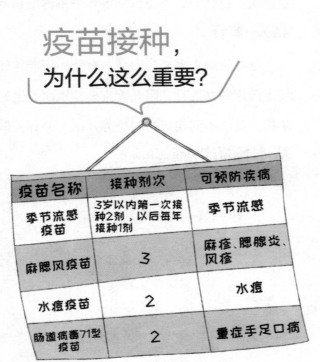

疫苗名称	接种剂次	可预防疾病
季节流感疫苗	3岁以内第一次接种2剂，以后每年接种1剂	季节流感
麻腮风疫苗	3	麻疹、腮腺炎、风疹
水痘疫苗	2	水痘
肠道病毒71型疫苗	2	重症手足口病

大部分春季流行病都可以借助疫苗来进行防控，例如流感疫苗、麻腮风疫苗、水痘疫苗、手足口病疫苗（肠道病毒71型疫苗）等。而这其中，除麻腮风疫苗外，其余的均为非免疫规划疫苗，需要家长来决定是否给孩子接种。

　　免疫规划疫苗和**非免疫**规划疫苗差别何在？其实二者的差异仅在于付费方式，前者由国家付费，后者需家长承担费用，但从疾病防控角度讲，两种疫苗同样重要，都是代替常见感染性疾病刺激免疫系统成熟的有效方法。

　　因此，如果经济条件允许，建议尽量为孩子接种所有非免疫规划疫苗。

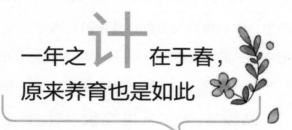

一年之计在于春，
原来养育也是如此

让孩子慢慢建立昼夜概念，形
成规律作息。家长做任何事情
之前，不妨先告知其计划。

一年之计在于春，孩子虽小，但家长也可以通过各种方式让他体会到**规律**、计划的重要性。

对于小婴儿来说，可先从建立昼夜规律做起，具体方法是：白天，孩子睡觉时，不拉窗帘，家人正常说话、走动，**不刻意**制造黯黑、安静的环境；晚上，则要保证室内不留夜灯，环境足够暗且安静，让孩子慢慢建立昼夜概念，形成规律作息。

对于大一些的孩子，家长在做任何事情之前，不妨先告知其计划，并且在每个计划要执行前提醒孩子，让他能有明确的心理预期，不要事到临头再**要求**孩子执行。

生长激素分泌没有固定时刻，却和这些有关

生长激素分泌三大要素

· 规律作息

· 睡眠环境

· 睡眠质量

有家长认为生长激素会在 21:00 左右大量分泌，错过这段时间就会影响生长激素的分泌，所以会对入睡时间焦虑不已。其实生长激素并不会严格地"掐时间点分泌"，因此家长不用太过纠结入睡时间，但需要注意的是帮孩子建立规律作息，提供适宜的睡眠环境，充分保证睡眠质量。

　　另外特别要提醒的是，虽然不用教条式的规则来要求孩子在 21:00 前必须入睡，但也要注意不要让孩子太晚入睡，否则不仅影响深睡眠质量，不利于生长激素分泌，对健康也会有影响。

雨水

雨水时节，春风徐徐，冰雪融化，雨水增多。

每年公历 2 月 18 19 20 日交节

春夜喜雨

唐·杜甫

好雨知时节，当春乃发生。

随风潜入夜，润物细无声。

野径云俱黑，江船火独明。

晓看红湿处，花重锦官城。

手脚**凉**
不一定要给孩子加衣服

妈妈的手摸着这里才知道孩子冷不冷

雨水时节，降雨量逐渐增多，气温还没完全回暖，不少家长总怕孩子穿少会着凉感冒，于是坚持"春捂"的穿衣原则。但其实孩子穿得过多，出汗后遇到冷风或进入比较冷的环境中，反而更容易感冒。因此，春季保暖应该适度，特别是年幼的孩子，更是怕热不怕冷。

孩子究竟穿多少，应该以体感为依据。判断时不要摸手脚，因为孩子的末梢循环较差，手脚本来就偏凉。

应该 摸后颈部 ，如果此处是温热的，就说明孩子不冷，偏凉则说明应适当添加衣服，微微有汗时则要注意酌情减衣。

药

品打开后，
保质期就缩水啦！

春季孩子生病概率增高，很多家庭都会备些药品，但使用时要注意药品是否过期，且药品开封后的

药品保质期 ≠ 药品有效期

通常，若药品的"保质期"是2月14日，则该药品能使用到2月14日；2月14日后药品就不能使用了。此外，保质期要在按药品说明书正确贮存、未开封的情况下才能成立：

● 外用药如 眼药水、鼻喷剂 开封后一个月即建议丢弃

● 口服类药物，如 退热混悬液 开封后可在阴凉避光处保存1~4周，但是如果药液已经结块，则不可再用

● 独立包装的 片剂 可参考包装盒上的有效期

和孩子**沟通**，
这样才管用

倾听

让孩子有机会说出想法和需求

不同意见可以和孩子探讨

站在孩子的角度思考

用和缓的语气和措辞

春季外出机会增多，孩子到了户外就容易"撒欢儿"，不如在家时听话。如果你也有这样的困扰，不妨先反思下亲子沟通方式，任何一种沟通都需要讲求技巧，如果家长说话的方式不对，孩子自然会不配合，甚至反抗。

倾听是沟通的第一步，家长要先学会耐心认真地倾听，让孩子能有机会说出自己的想法和需求。之后，如果家长有不同意见，可以和孩子多**探讨**，但开口前一定要先站在孩子的角度思考，然后再用**和缓**的语气、**平和**的态度说出自己的想法，表达过程中除了注意语气，也要特别注意措辞。

雨水

合理规划孩子的

视力

"财产"

春天，多带孩子出门看看绿色的植物，放松眼部肌肉，有利于预防近视。

小婴儿出生时基本都是**远视眼**，度数在**300度**左右，这个就是远视储备值，它像个"视力银行"，只是这个银行**只出不进**——随着孩子不断长大，在日常用眼过程中远视储备值会越用越少。

3岁左右，远视储备值大概为 250 度；

5岁左右，降为 100 度；

10岁左右，远视储备值就会消耗光，孩子也就变成了正视眼，也就是正常的视力。

如果远视储备值在出生后就较**少**或消耗过**快**，孩子今后出现近视的风险就会**增高**。天气越来越暖和，家长要多带孩子**外出**，定期带孩子进行视力检查，以便早发现早干预。

惊蛰

天气转暖，渐有春雷，动物入冬藏伏土中，不饮不食，称为"蛰"，而"惊蛰"即上天以打雷惊醒蛰居动物的日子。

每年公历 3 月 5 6 7 日交节

惠崇春江晚景 其一

宋·苏轼

竹外桃花三两枝，

春江水暖鸭先知。

蒌蒿满地芦芽短，

正是河豚欲上时。

不是所有人都能和花仙子
愉快玩耍

走在花草丛中

觉得皮肤瘙痒

出红疹

流鼻涕

打喷嚏

花粉过敏在作怪

惊蛰过后，万物复苏，踏青赏花着实令人心旷神怡，不过有个小困扰也会悄悄随之而来——花粉过敏。不少家长可能有过这样的经历：走在花草丛中，不一会儿就会觉得皮肤瘙痒，甚至出红疹，或不停地流鼻涕、打喷嚏。注意了！这其实有可能是花粉过敏在作怪。

　　预防花粉过敏时，不能单纯依赖抗过敏药物，因为药物只能缓解症状，若想治本还是要避免接触花粉，如果实在难以避免，外出要戴口罩，做足防护。

盐水喷鼻，讲究多多

鼻分泌物增多，可以用生理盐水或等渗海盐水喷鼻来清理鼻腔。鼻塞严重时必须在医生指导下才能间断使用高渗生理海盐水，不建议经常自行使用。

如果孩子由于花粉过敏或感冒等原因导致**鼻分泌物增多**，可以用生理盐水或等渗海盐水喷鼻来清理鼻腔。

盐水有等渗、低渗和高渗三种类型，其中盐分含量在 0.9% 的为等渗，浓度低于 0.9% 的为低渗，高于 0.9% 的为高渗。喷鼻时应该选择等渗的生理盐水，鼻塞严重时必须在医生指导下才能间断使用高渗生理海盐水，**不建议**经常自行使用。这是因为高渗的生理海盐水对细胞有脱水的作用。

这个过程类似腌黄瓜，新鲜黄瓜质地饱满、水分充足，稍撒点盐之后，没过多久就会有水分渗出。

常用高渗盐水，鼻腔会因为脱水变得越来越干，就会更加敏感、脆弱。

钙并非有益无害

钙元素摄入过多，会形成钙皂，引发便秘等问题。持续大量补钙可能会使孩子的身体出现其他营养素缺乏的情况，日常补充维生素D即可。

很多家长认为钙能够帮助长高，多补些有益无害。但如果钙元素摄入过多，超过了孩子身体的需求量，多余的钙元素就会在肠道中和脂肪结合，形成钙皂，引发便秘等问题。多余的钙还可能会干扰其他二价元素如镁、锌的吸收，持续大量补钙，孩子的身体反而可能出现其他营养素缺乏的情况。

而且，如果钙持续严重超量摄入，还可能会导致血钙浓度过高，使得肝、肾等器官出现钙化，危害孩子的健康。所以，如果孩子日常饮食正常，完全没有必要额外补钙，日常补充维生素D即可。

惊蛰

长个子，
抓住两个黄金期

- 0~3 岁婴幼儿期
- 9~12 岁青春前期

"长个儿黄金期"除了有特殊
的季节外，还有特殊的年龄段。

春季天气回暖，户外活动机会增加，孩子的食欲也跟着增加。

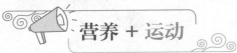

营养 + 运动

双管齐下，大多数孩子自然长得会相对快些，使得很多家长心中留下了"春天适合长个儿"的印象。

其实"长个儿黄金期"除了有特殊的季节外，还有特殊的年龄段。孩子成长过程中有两个身高迅速增长的时期：

0~3 岁婴幼儿期

9~12 岁青春前期

因此，家长要学会抓住"长个儿黄金期"，除了注意保证均衡的营养、充足的运动外，还要注意补充**维生素 D**，多吃**深绿色蔬菜**来摄入足量**维生素 K_2**，帮助食物中的钙质更好地沉积到骨骼里。

春分

春分的"分"意思是一半；

分者，半也，昼夜平分，故叫春分。

每年公历 3 月 20 21 日交节

春日

宋·朱熹

胜日寻芳泗水滨，

无边光景一时新。

等闲识得东风面，

万紫千红总是春。

户**外**运动,
讲究多多

天气越来越暖和,

多带孩子到户外去运动起来!

进入春分，天气越来越暖和，可以多带孩子到户外运动，我国有很多地方都有春分时放风筝的习俗。不过，户外运动时家长要特别留意以下几点：

- 运动**前**不要吃太多食物、喝太多水，开始运动前半小时内不要吃喝，做好拉伸等热身活动再开始运动

- 运动**时**要穿运动鞋、运动服，有大人陪护

- 运动**结束**后不要立即坐下休息或马上洗澡

- **剧烈**运动后避免立即大量饮水和吃东西，因为此时体内许多盐分已随汗液排出体外，瞬间摄入过多水分会让血液渗透压降低，这样就破坏了体内水盐代谢平衡，严重时还可能会出现肌肉痉挛

运动受**伤**，
听我建议不用慌

户外运动时，难免会出现扭脚、擦伤等小意外，家长要提前储备些急救小常识，尽量降低运动损伤对孩子的伤害。

如果脚扭伤后，受伤部位只是轻微肿胀，脚可以向各个方向转动，孩子虽然疼但能站立，这表示扭伤并不严重，可以这样做：

● 冷敷局部

● 每 2~3 小时敷 1 次，每次 15 分钟

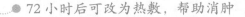
● 72 小时后可改为热敷，帮助消肿

● 扭伤后 2~3 天内尽量减少负重和行走

如果扭伤后肿胀非常明显，或者疼痛不断加重，要立即去医院。

如果是擦伤，伤口表面通常会沾有泥土等物，必须先用清水或生理盐水**冲洗**，将脏物去除，如果伤口范围不大，比较表浅，可用碘伏消毒后，尽量保持伤口通风、干燥。如果伤口范围较大或擦伤严重，要在清理伤口后及时带孩子就医。

睡得**够**不够？
看精神和生长

如果孩子吃得好、玩得好，精力充沛，生长发育指标正常，那么就说明睡眠充足。

因为睡眠与生长发育息息相关，不少家长便格外关心孩子每天该睡多久，特别是在春天"长个儿季"，对这方面关注更甚。总体来讲，随着年龄增长，睡眠时间会逐渐减少。

- **新生儿** 每天睡眠时间为 20~22 小时
- **1** 岁左右每天睡眠时间为 13~15 小时
- **2** 岁左右每天睡眠时间为 12~14 小时
- **3** 岁以上每天睡眠时间为 11~13 小时

但每个孩子都有其生长发育的特点，因此家长不要给孩子设限，规定每天必须要睡够多久才算达标。日常更应该关注的是孩子的睡眠质量，包括睡醒后的状态、进食情况等，如果孩子**吃**得好、**玩**得好，精力**充沛**，生长发育指标**正常**，那么就说明睡眠充足。

会倾听还不够，
这样做会更好

听话与独立并不冲突。

听话是独立思考的前提。

让孩子加入自己的思考与判断。

懂得倾听，能更好地保持独立思考。

很多家长担心，要求孩子听话会让他养成对他人言听计从的习惯，抹杀独立性。但另一方面，如果放任孩子我行我素，又可能会养出任性无理的"熊孩子"，究竟该怎么办呢？

事实上，听话与独立并不冲突，**听话**是要求孩子学会通过倾听来吸取生活经验、了解处事规则，这是**独立思考**的前提。

家长要做的，是避免让孩子机械地听话后教条式地执行，注意让孩子加入自己的思考与判断，并和家长随时交流想法，这样久而久之，孩子就能够既懂得如何倾听，又能够保持独立思考的习惯。

清明

清明时节，百花盛开、气清景明、草长莺飞、柳暗花明。

每年公历 4 月 4 5 6 日交节

清明

唐·杜牧

清明时节雨纷纷，

路上行人欲断魂。

借问酒家何处有，

牧童遥指杏花村。

清明除了**踏**青，还可以踏水

踩水坑能够同时锻炼孩子的协调能力、下肢肌肉能力及平衡感。让孩子的听觉、触觉、视觉同时接受刺激，更利于发育。

清明时节雨纷纷，面对雨后的积水，孩子往往无比**兴奋**，使劲儿跺脚踏得水花四溅，让不少父母感到头痛，一方面担心影响到周围的路人，另一方面刷鞋、洗衣也是个"大工程"，所以会阻止孩子踩水。

　　其实踩水坑的动作看似简单，但能够同时锻炼孩子的协调能力、下肢肌肉能力及平衡感。看到水花、听到水声、感觉水溅到身上等这些体验，会让孩子的视觉、听觉、触觉同时接受刺激，更利于发育。

　　所以雨过天晴后，不妨给孩子穿好防滑的小雨靴，换上舒服的运动服，一起去尽情地踩小水坑吧。

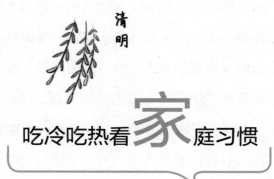

清明

吃冷吃热看**家**庭习惯

食物经过口腔、食道、胃以后，到达肠道时的温度已经是体内的温度了。

清明节的前一两日，是我国的传统节日——**寒食节**。寒食顾名思义是冷饭，那么孩子是否可以吃冷的食物呢？很多家长担心孩子吃冷的食物会拉肚子。但其实食物经过口腔、食道、胃以后，到达肠道时的温度已经是体内的温度了，偶尔少量吃一点是可以的。

如果孩子的饮食一直都是以温热为主，胃已经习惯了类似的食物温度，突然被大量冰凉的食物刺激，可能会出现胃部**痉挛**的问题。因此，是否给孩子吃冷的食物，主要还是要遵循家庭一直以来的饮食习惯。

判断便秘看两点

孩子虽然排便间隔长，但大便不干结，排便过程不费力，那么就不能认定为便秘。

孩子常三四天甚至更长时间才排次大便，让家长不禁担心他是否出现了便秘的问题。但判断便秘的**标准**是：大便干结、排便困难。

如果孩子虽然排便间隔长，但日常吃、喝、睡等都不受影响，大便不干结，排便过程也不费力，就不是便秘。

反之，如果孩子每次排便都很**费力**，显得很不舒服甚至表情**痛苦**，大便很干燥，呈小硬**球**状，那么即使每天都排便，也说明是便秘。

如果孩子确实有便秘的问题，可在医生指导下先使用纤维素制剂，如乳果糖，日常饮食中注意多吃富含维生素的食物，如**绿叶菜**，同时也可遵医嘱适当补充益生菌。

停停停!

不能过多干预孩子的自主运动

1~2个月

4个月

6个月

7~8个月

1岁

2岁

大运动发育，是指人体大肌肉群共同参与的运动，具体动作包括：

趴 → 抬头 → 挺胸 → 翻身 → 坐 → 爬 → 站 → 走 → 跑 → 跳等

孩子的大运动发育是一个**水到渠成**的过程，且每个孩子都有自身的发展**规律**。

因此家长只要给孩子提供足够的运动机会即可，避免**过多**干预，若过多干预，一方面可能出现超前训练的问题，这样反而会揠苗助长；另一方面也可能因为干预、限制过多，而打击孩子的积极性。家长要遵循"不限制、不辅助、多鼓励、多引导"的原则，在保证安全的前提下，尽量让孩子尝试进行**自主运动**。

谷雨

谷雨是春季最后一个节气，谷得雨而生也，寒潮已去，是农民播种移苗的最佳时节。

每年公历 4 月 19 20 21 日交节

晚春

唐·韩愈

草树知春不久归，

百般红紫斗芳菲。

杨花榆荚无才思，

惟解漫天作雪飞。

护理湿疹，
多多使用润肤乳

在医生指导下远离过敏
原之后，护理患处皮肤
时要注意做好保湿。

谷雨时节，天气逐渐变得潮湿，一些皮肤问题就悄悄找上门来，其中特别让家长头疼的就是湿疹，反反复复；在排除了孩子是因为过敏而出现的湿疹，或已在医生指导下远离了过敏原之后，我们护理患处皮肤时要特别注意做好保湿。

日常可以考虑使用含甘油、矿油、透明质酸等保湿成分的护肤品，涂抹时要注意避开皮肤的破溃处，以免造成感染，同时要注意大量、频繁涂抹，每天可以涂抹3～4次，每次涂抹后要保证皮肤摸起来能有一层残留的润肤乳保护膜，且保证这层保护膜能维持2小时左右。

谷雨

孩子有**权**利不快乐

在春季，孩子情绪波动可能会更为明显。认同和接纳孩子的情绪，然后再引导他用恰当的方式，去面对和处理负面情绪。

成人总认为童年本该无忧无虑，孩子没有理由不快乐。但其实孩子也和成人一样有各种不同的情绪，特别是在春季，孩子**情绪波动**可能会更为明显，家长就更需要了解该如何处理孩子的负面情绪。

　　家长要首先**认同**孩子也会不快乐这个事实。此外，也要明白孩子自我调节能力比较差，只能用哭闹来发泄。所以，在孩子不开心时，家长不要马上阻止哭闹，而该先认同和接纳孩子的情绪，然后再引导他用恰当的方式，去面对和处理负面情绪。

雾化疗法，你了解吗？

雾化面罩戴法

春季呼吸道疾病高发，医生常会推荐使用**雾化**治疗，这是因为它有几大特点：

- 操作方便
- 局部用药
- 起效直接

此外，雾化治疗可使用的药物种类越来越多，因此在临床上得到了广泛应用。

雾化治疗时，要让孩子尽量保持**慢而深**的呼吸，面罩尽可能密封，不一定完全贴合面部，但要注意减少入眼的可能性。

如使用激素药物，雾化前不要在面部涂抹油性面霜，雾化后要及时**洗脸**，减少药物在其他部位的吸收。同时用漱口或喝水的方式，减少药物在口咽部的**残留**。需要提醒的是，雾化吸入的用药，应该经过医生的诊断与指导，家长不要在家里擅自用药、换药。

干燥是"消毒剂"

干旱的地方通常不容易出现病菌。洪涝灾害后，环境潮湿发生病菌快速传播的概率可能会增大。

日常家庭清洁应追求"要干净、不要无菌"，奶瓶、餐具、玩具等用普通清洁剂加**温热**清水清洗后自然**晾干**即可，这原理好比：

干旱的地方通常不会出现病菌快速传播的情况。

一般在洪涝灾害后，随之而来的很可能是病菌的快速传播，因为潮湿是病菌滋生的温床。

所以干燥是最好的"消毒剂"。

如果使用含有消毒剂成分的清洁剂清洁孩子的餐具、玩具等，其中的化学成分很难被彻底冲洗干净，残留的消毒剂被吃下后，可能会破坏肠道菌群平衡——出现慢性消毒剂食入现象。

家具、玩具表面的消毒剂则可能会在干燥后飘浮到空气中，成为可吸入颗粒物PM2.5，污染室内空气，刺激孩子的鼻咽部、呼吸道和皮肤，引发过敏等问题。

立夏

立夏表示即将告别春天，是夏天的开始，
时至立夏，万物繁茂。

每年公历 5 月 5 6 7 日交节

大林寺桃花

唐·白居易

人间四月芳菲尽，

山寺桃花始盛开。

长恨春归无觅处，

不知转入此中来。

蚊虫叮咬，止**痒**这么办

进入夏季，被蚊虫叮咬的概率增大。

蚊虫在叮咬过程中，会释放比较复杂的化学物质，使得人体分泌组胺来对抗，进而产生痒的感觉，并且还会有细胞液渗出，形成包。

被蚊虫叮咬后：

- 快速用肥皂水清洗被叮咬部位，中和酸性毒液，达到止痒目的

- 将炉甘石洗剂涂抹在包上止痒

- 如果被叮咬处有明显持续的渗出，要等渗出止住后再用药

- 如果有较严重的皮肤破损，则需就医处理

如果叮咬处出现了红肿，可能是蚊虫毒液导致的局部 过敏反应 ，通常会自行消失，如果红肿较严重或持续不退，也可涂抹外用抗过敏药或低浓度的糖皮质激素软膏进行治疗。

代糖是为了保持健康吗？

立夏

长期食用代糖，会让孩子对甜味更渴望，使人体内代谢糖的机制发生紊乱。

夏季，孩子对饮料的渴望更甚，于是很多号称"0糖"的饮料便受到了家长青睐，但这类饮料的甜味基本来自代糖。而长期食用代糖，反而会让孩子对甜味更渴望，也会增加食物的摄入量，埋下肥胖的隐患。

另外，由于代糖产品不会升高血糖，久而久之会降低人体内胰岛素的敏感性，使人体代谢糖的机制发生紊乱，干扰正常的糖代谢功能。

大家要知道，代糖在体内也要进行代谢，因此可能存在一些目前未知的隐患，比如它也会影响肠道菌群。大家不知道，不等于它不存在，所以代糖不等于百分之百的健康。

不会爬就学站，
早晚要回来补课

不要一味训练某个"迟缓动作"。因为孩子当下的动作掌握不好，很可能是上一个动作还不熟练，相应的肌肉群等锻炼还不到位，所以不具备开始尝试下一个动作的能力。

大运动最早开始发展的是头部的动作，然后是躯干、四肢，再到手脚。家长如果发现孩子的某一项运动发育迟缓，不要一味训练这个"迟缓动作"，而是要关注上一阶段大运动动作的掌握、控制情况，因为孩子当下的动作掌握不好，很可能是上一个动作还不熟练，相应的肌肉群等锻炼还不到位，所以不具备开始尝试下一个动作的能力。

　　比如，孩子不会爬就学站，会导致以腹部为中心的核心肌肉发育弱，站立时出现"前挺后撅"的体姿。这也会影响孩子现在和今后走跑姿态、跑步速度和全身平衡的状况。为此，还要重新进行爬行训练。

抗生素不能**杀**手足口病毒

手足口病是由多种肠道病毒引起的，属于自限性疾病，因此抗生素对于治疗手足口病是没有效果的。

由于手足口病是由多种肠道病毒引起的，属于自限性疾病，因此抗生素对于治疗手足口病是没有效果的。患病期间，家长要重点关注的是加强护理。

孩子得了手足口病后，通常会发热，持续2~3天，这期间如果体温高于38.5℃，可以考虑服用对乙酰氨基酚或布洛芬退热。这两种药物成分不仅可以退热，还有止痛效果，在一定程度上能缓解疱疹和口腔溃疡造成的疼痛。

此外，孩子可能会由于口腔内的疱疹破溃、疼痛而抗拒进食和喝水，这种情况要准备偏凉的流质或半流质食物，避免过甜、过咸及辛辣刺激的味道。日常一定要注意保证足量（少量、多次）饮水，以防脱水。

小满

小满时，江河渐满，夏熟作物的籽粒开始饱满，
但还未成熟，未大满，故称小满。

每年公历 5 月 20 21 22 日交节

归田园四时乐春夏二首 其二

宋·欧阳修

南风原头吹百草，草木丛深茅舍小。

麦穗初齐稚子娇，桑叶正肥蚕食饱。

老翁但喜岁年熟，饷妇安知时节好。

野棠梨密啼晚莺，海石榴红啭山鸟。

田家此乐知者谁？我独知之归不早。

乞身当及强健时，顾我蹉跎已衰老。

防晒！防晒！防晒啦！

进入小满，日光逐渐变得强烈，防晒又成了日常家庭护理的重头戏。关于日常防晒措施，主要有三个方面：

规避性防晒，外出时尽量规避紫外线比较强烈的时间段，例如夏季的 **10:00-16:00** 紫外线强度比较高，应尽量减少外出。

遮挡性防晒，即借助遮阳伞、太阳帽或者衣物等直接遮挡阳光来防晒。挑选防晒衣物时，要注意是否有 **UPF** 标识，且数值要达到 **40**，或者 **40+**、**50+**，这样才能够有较好的防晒效果。因此，口罩、防护面屏等，如果没有 UPF 标识，则防晒的效果十分有限。

涂抹性防晒，即防晒霜等，通常推荐给孩子使用无机防晒剂，也就是物理防晒霜，它的主要成分是二氧化钛和氧化锌，防晒谱比较宽，相对于光也比较稳定，不易致敏，使用后易清洗。

不光孩子，
全家都要补维生素 D

维生素 D 能够帮助钙在骨骼中沉积，还有助于提高免疫力。无论哪个季节，无论孩子还是大人，每天都应该补充维生素 D。

维生素 D 能够**帮助钙**在骨骼中**沉积**，还有助于**提高免疫力**，因此对孩子来说是必需品。很多家长认为，夏季来临，让孩子多在户外晒太阳，就可以补充维生素 D，不需要再吃维生素 D 补充剂了。

其实，户外活动时，孩子裸露在外的皮肤相当有限，且又要做好充分的防晒措施，那么，皮肤在日光照射下合成的维生素 D 就非常有限。因此，无论哪个季节，孩子都需**额外补充**维生素 D。

通常 1 岁以内的健康孩子在**出生数日后**就可以开始补充维生素 D₃，每天 **400IU**，如果是配方粉喂养，需要先计算从配方粉中获取的维生素 D 含量，不足的部分再额外补充。

孩子满 1 岁后，每天要补充 **600IU**。

不光是孩子，成年人同样需要每天补充维生素 D来保证骨骼健康，保护免疫功能。

小
满

孩子到底
能不能吃**粽**子？

食用时最好把粽子切成小块，以免出现呛噎。家长在给孩子吃粽子时，别忘了讲一讲粽子的来历哦。

端午佳节，粽子是餐桌上的必备品，虽然南北方的饮食习惯不同，粽子馅儿会有差异，但主料糯米却是相同的。因为糯米煮熟后口感偏黏，所以家长担心孩子吃下后难以消化，**那孩子到底能不能吃粽子呢**？

● 不建议 1 岁以下的孩子食用，以免出现呛噎

● 1 岁以上的孩子可适量尝试，但也要注意选择适合孩子吃的粽子馅儿，且不能凉着吃，以免出现"烧心"的问题——消化不良

● 食用时最好把粽子切成小块，以免出现呛噎

另外，端午节更重要的意义在于**文化的传承**，家长在给孩子吃粽子时，别忘了讲一讲粽子的来历和纪念先人的故事。

感觉统合怎么会失调呢？

孩子成长过程中缺乏触觉刺激，或者大运动、精细运动偏少，会导致前庭平衡失调等，可能会出现感统失调的问题。

感统是指感觉统合能力，即大脑对于来自身体各个器官的信息进行处理、加工、整合的过程。

如果孩子成长过程中**缺乏触觉刺激**，或者**大运动、精细运动**偏少，会导致**前庭平衡**失调等，可能会引起感统失调的问题，其表现为：

- 对某些感觉输入的信息反应过度或迟钝

- 在体育活动中动作不协调

- 容易行为冲动

- 做事情缺乏耐心

- 注意力较难集中

- 难以适应新的环境，情况严重时还可能因为情绪沮丧而出现攻击行为

如果家长怀疑孩子有感统失调迹象，可以尽快向医生求助，通过一系列有针对性的训练进行矫正。

芒种

芒种预示着农民要开始忙碌的田间生活了。

"芒种"有"忙种"二字谐音，也表达了"忙着种"喽。

每年公历6月 5 6 7 日交节

新晴野望

唐·王维

新晴原野旷，极目无氛垢。

郭门临渡头，村树连溪口。

白水明田外，碧峰出山后。

农月无闲人，倾家事南亩。

不想被蚊子咬，试试这些招儿

纱窗、纱帘、蚊帐"罩起来"。研究证明菊酯成分对人体是安全的。不建议使用点燃式蚊香盘，不依赖驱蚊手环。

夏季蚊子肆虐，防蚊工作要提上日程，有两大秘籍：藏和赶。

藏

给窗户装上纱窗，给门装上纱帘，睡觉时用蚊帐，日常活动时穿防蚊裤、防蚊衫，就是想办法将孩子和孩子的生活空间用各种方式"罩起来"，这种方法尤其适合小婴儿。遮盖会造成"热"，因此防蚊的同时也要做好防暑降温。

赶

选用驱蚊产品。

蚊香中有效的成分是菊酯，研究证明它对人体是安全的。睡前可在无人房间内使用此类驱蚊产品，适当通风后再让孩子进入房间。我不建议使用点燃式蚊香盘，慎选驱蚊液，因其作用非常有限，生活中不依赖驱蚊手环进行防护。

室内灯火通**明**
就能防控近视？

雨季来临，孩子的出门机会受限，户外活动减少。从近视防控的角度讲，孩子在家中玩耍时，家长一定要注意**生活空间**环境的亮度，一般适宜的室内环境亮度是在 **300** 勒克斯（光照度单位）左右，这种亮度下人会感觉光线是充足的，空间环境比较明亮，可以看清东西，但又不刺眼。

阴雨天气，室内单纯依靠自然光线，环境亮度不足，需要开灯照明，此时不推荐仅使用吊顶灯，因为孩子在灯下时身体阴影会挡住光线，造成视野范围内光线变暗。

理想情况下，可以同时添加落地灯、台灯等**侧面光源**，保证室内亮度。**顶部光源＋侧面光源**，才可能达到防控近视的光线条件！

用吃水果代替喝果汁，它不"香"吗？

鲜榨果汁含糖量高，在短短几分钟内就饮用完毕，糖摄入量无形中增多。喝果汁省略了咀嚼过程，对口腔发育不利。建议让孩子吃水果，不要喝果汁。

不少家长觉得，鲜榨果汁营养丰富，可以换种方式让孩子多吃些水果，夏季饮用还能消暑，是种理想饮品。

但事实并非如此，鲜榨果汁含糖量高。

例如要想榨出一杯 400 毫升 左右的橙汁，至少需要 4 个橙子 ，而且孩子可能会在短短几分钟内就饮用完毕，这样单位时间内糖摄入量无形中增多，给胃肠的消化吸收功能都造成压力。

而且相比吃水果，孩子喝果汁时又省略了咀嚼的过程，对口腔发育也不利，因此还是建议让孩子吃水果，不要喝果汁。

比坚持**刷**牙更重要的是坚持正确刷牙

其实刷牙没那么简单，易操作却难刷好。

正确刷牙顺序：

第一步，使用牙线清洁牙缝。

第二步，漱口。

第三步，刷牙。

芒种

夏季孩子吃水果、喝饮料的机会变多，更要注意刷牙，其实孩子刷牙没那么简单。

易操作却难刷好

家长要想让孩子配合，把牙刷到位，需要下一番功夫。

由于每颗牙都有若干个面，因此不同的牙面要使用不同的刷牙方法。

- 牙齿相邻的侧面可以用牙线来清洁
- 牙齿的唇颊面可以用画圆圈的方法刷
- 磨牙的咬合面可以用拉锯式的方法来回刷
- 舌面要采取顺着牙缝从下向上的提拉式刷法
- 特别注意上牙和下牙分开来刷

正确刷牙顺序：

❶ 使用牙线清洁牙缝； ❷ 漱口； ❸ 刷牙。

不同牙面都认真刷完大约需要 2~3 分钟，最后再漱口清洁口腔。

夏至

夏至时，太阳几乎直射北回归线，北半球各地的白昼时间达到全年最长。夏至过后，午后、傍晚雷雨渐多。

每年公历 6 月 21 22 日交节

小池

宋·杨万里

泉眼无声惜细流，

树阴照水爱晴柔。

小荷才露尖尖角，

早有蜻蜓立上头。

涂好防晒霜，讲究多多

出门前 15~20 分钟涂抹，每隔 2~3 小时补涂一次。脱离光照环境立刻清洗。

夏季来临，紫外线变得更加强烈，防晒不能停。使用防晒霜时，通常推荐在**出门前 15~20 分钟**涂抹，让产品有足够的时间在皮肤表面成膜，发挥保护作用，暴露在外的部位都需要涂抹。涂抹量可用一元钱硬币作为参照，通常成人面部需要一枚一元硬币大小的量，儿童用量**减半**，幼儿再酌情减少。如果产品有自己的推荐涂抹量，参照说明执行即可。

外出后，每隔 **2~3 小时补涂**一次，以便维持良好的防晒效果。

清洗时，2 岁以下的孩子一旦脱离了光照环境就建议**立刻清洗**，2 岁以上的孩子和成人可在晚上清洗。儿童用清水、儿童专用洁面产品或三合一沐浴洗发产品均可。

巧吃水果还能**练**咀嚼

咀嚼为何如此重要呢？咀嚼能力差，面部肌肉发育也会受到影响，说话发音不清晰。食物总被囫囵吞下，会影响正常营养摄入。

夏季瓜果丰富，正好可以用来让孩子练习咀嚼。咀嚼为何如此重要呢？简单讲，如果孩子咀嚼能力差，面部肌肉发育也会受到影响，导致说话发音不清晰，这会给社交和心理发展带来负面影响。

另外，如果咀嚼不好，食物总被囫囵吞下，不仅会影响消化吸收，还会加重胃肠负担。

因此，家长平时应多给孩子提供咀嚼的机会，可以让他多啃苹果等水果。选择水果时，不要选择脆梨、硬桃等个头儿小又口感较脆的水果，以免孩子啃咬下一大块水果后嚼不烂，出现呛噎的风险；要选择大于张嘴直径的整个水果，这样不会一下啃咬下一大块果肉，可避免呛噎的发生。

夏至

爱运动的孩子
更**聪**明

有氧运动能够增加大脑血液和氧气的流量，促进大脑发育，提高注意力，调节情绪。

很多家长觉得，孩子进行体育运动的意义就是发展动作技能，保持身体健康。但其实运动的意义远不止如此。

由于孩子进行的基本都是有氧运动，有氧运动能够增加大脑血液和氧气的流量，促进大脑发育。因此可以说，运动对于孩子的**智力开发**也有许多好处。

运动还能显著地**提高注意力**，屏蔽掉干扰因素，让学习和吸收信息更加高效。

此外，运动能够正向**调节情绪**，对舒缓心理压力特别奏效。

腹泻、呕吐时
这样 补 水才有效

腹泻时，

给孩子补水，

预防脱水是关键。

补水≠喝白开水

饮食不当、病菌感染，容易出现腹泻、呕吐等问题，此时一个重要任务就是及时给孩子**补水**，预防脱水。补水并不等于喝白开水，而是需要补充电解质，条件允许的情况下，首选使用口服补液盐Ⅲ，根据包装说明冲调后，少量多次喂给孩子。如果家中没有口服补液盐，也可以为孩子自制米汤，具体方法是：

- 将水烧开后，放入生大米煮15分钟，然后取上层清汤

- 如果在旅游途中没有烹饪条件，应急情况下可以喝放掉气的可乐

如果孩子呕吐比较严重，喝下任何液体后都会引发更严重的呕吐，这种情况需要立即就医，医生可能会通过静脉输液的方式来预防脱水。

小暑

暑，表示炎热的意思，小暑为小热，还没有十分热。

小暑时节，雷暴频繁，是万物丛生之际。

每年公历 7 月 6 7 8 日交节

晓出净慈寺送林子方

宋·杨万里

毕竟西湖六月中，

风光不与四时同。

接天莲叶无穷碧，

映日荷花别样红。

空调家家都有，
你能 **用** 好吗？

室温应控制在 24~26℃，空调出风口不要对着人直吹，且每隔 2~3 小时暂时关闭空调，开窗通风 15 分钟。

小暑来临，电扇和空调尽显威力，那么这两种制冷设备怎么使用呢？

- 如果房间内并非湿热难耐，建议首选风扇

- 如果室内的温度过高，或空气湿度过大，就要依靠空调来降温除湿

无论孩子是在晚上睡觉还是白天玩耍，室温应控制在 **24~26℃**，空调出风口不要对着人直吹，且每隔 2~3 小时暂时关闭空调，开窗通风 15 分钟。此外，不要让孩子满头大汗地从酷热的室外直接进入温度很低的空调房，而是要让他先在室温下适应片刻，擦干汗液再打开空调，让室温逐渐下降，以免因冷热突然切换，出现着凉等身体不适现象。

夏天为什么也**着凉**？
因为身上有水

如果孩子身体表面有很多水，水分迅速蒸发带走了体内很多热量，使得体温骤然下降，便会引起身体不适。

小暑

说到着凉，大家通常只会觉得和环境温度过低有关。为什么夏天气温那么高，孩子也会着凉？

我们不妨回想下夏天游泳时的场景，明明环境温度并不低，但是从水里上岸的一刻仍然会觉得特别冷，这是因为身体表面有很多水，水分迅速蒸发带走了体内很多热量，才会让人觉得冷。

所以，夏季仍然要小心预防孩子着凉，其实着凉的原因，并非绝对是温度低，而是在孩子身上有汗、有水的情况下，突然吹到风或者进入了温度低的环境里，因为身体表面水分蒸发，使得体温骤然下降而引起的身体不适。

戴墨镜

只是为了帅吗？

孩子在日光下活动的时候，要戴上宽檐的帽子，2 岁以上的孩子也可以考虑戴墨镜。要注意查看包装上是否有 UV400 或者 UV100% 的标识。

夏季户外活动时，除了要注意皮肤的防晒，眼睛的保护也不能忽视。孩子在日光下活动的时候，要戴上宽檐的帽子，2岁以上的孩子也可以考虑戴墨镜。

选择墨镜时，要注意查看包装上是否有**UV400**或者**UV100%**的标识，镜片颜色推荐选择茶褐色、浅灰色和浅茶色，视觉感受和舒适度比较好，尽量避免选择黑色等深色的镜片，以免影响眼睛发育。另外，镜片要足够大，以免阳光从眼镜上方、侧方照到眼睛。

如果是去紫外线强烈的海边等地方，要给孩子选择带有偏光功能的墨镜。

可以打开电视机，透过墨镜镜片看屏幕，此时电视中的影像应该较亮，之后将墨镜慢慢竖向转动，如果屏幕中的影像逐渐变暗，说明被测试的是偏光墨镜。

炎热的夏季，戏水成了一项不错的娱乐活动，耳朵进水的情况也多了起来。耳道中的水如果不及时清出，有可能会引发**中耳炎**等问题。

如果孩子**耳道进水**怎么办？

1 先让他侧躺，保持进水侧的耳朵向下，然后家长用手掌紧压孩子的耳根，再快速松开，不断重复，尝试把水"吸"出。

2 家长引导、鼓励孩子做张嘴闭嘴的动作，活动颞下颌关节，多次反复，让水流出。

3 同时，可在孩子的外耳郭处放干燥的消毒棉球，5分钟左右取出，基本就可以吸干耳道中的水。

4 注意不要用棉签探耳道蘸干，棉签吸水能力有限，且可能会把水推向耳道更深处。

大暑

大暑是我国大部分地区一年中最热的时期，湿热交蒸之点，也是喜热作物生长速度最快的时期。

每年公历 7 月 22 23 24 日交节

池上二绝 其二

唐·白居易

小娃撑小艇，

偷采白莲回。

不解藏踪迹，

浮萍一道开。

摄入水分
不一定只靠喝水

水分的摄入量 ≠ 喝水的量

大暑，天气炎热，出汗多了，补水就成了日常需要关注的大事。孩子每天究竟该喝多少水呢？先记住：

水分的摄入量 ≠ 喝水的量

这样摄入水分：

0~6个月的婴儿，正常喝奶的情况下，母乳和配方奶里已经有了足够的液体，一般不需额外喝水。

6个月~1岁的婴儿，喝水并非刚需，只要日常可尿湿6~8片纸尿裤，且尿液颜色为透明无色或浅黄色（晨尿除外）就不需要额外喝水。

1~2岁的幼儿，奶和辅食里的水基本够一天所需，但因活动量增大，因此每天可根据尿液颜色适当喝一点水。

2~5岁的孩子，根据《中国居民膳食指南（2016）》建议，每天水的总摄入量为1300~1600毫升（包括奶和食物中的汤水），因此上、下午各喝2~3次水，每次一小杯即可。

体重总不长，主食吃得少

长体重要特别留意的不仅是食物的摄入总量，而且还要保证孩子每餐主食摄入量达到整顿饭的 50% 左右，另外 50% 左右肉、菜平分。

孩子的食量看上去并不小，为什么体重的增长情况却不理想呢？

其实长体重要特别留意的不仅是食物的摄入总量，而且还要关注**主食量**是否充足，有些家庭每餐的菜、肉较多，主食偏少，这样的饮食结构对于成年人控制体重有帮助，却不适合孩子。

孩子每餐 **主食** 的摄入量要能够达到整顿饭的 **50%** 左右，另外 50% 左右由肉、菜平分。另外，粥、面条等主食在熬煮和放置的过程中，很容易吸收水分而膨胀；包子、饺子等薄皮大馅的做法，会出现面包裹着馅儿的障眼现象，导致看起来孩子吃得多，实际粮食摄入量很有限。另外，夏季孩子瓜果吃得多，留给主食的空间无形中变少，也会导致主食摄入量减少。长此以往会影响生长发育速度。

大暑

看 **电视** 的
"正确打开方式"

第一是保持适当距离

第二是注意屏幕亮度

第三是注意用眼时长

暑热难耐的日子里，孩子在家的机会增多，看电视、使用电子产品的时间也多了，这时有哪些事情要注意呢？

第一是保持适当距离，人与屏幕的距离，应是电子产品屏幕对角线长度的 3~5 倍，如果是看电脑，虽然需要进行操作，但距离最好保持在成人的一臂（约75厘米）左右。

第二是注意屏幕亮度，过亮的屏幕会让眼睛长时间受到光源刺激，引起视觉疲劳，因此如果是使用平板电脑、手机等，可打开自动亮度调节功能，如果是看电视，要注意屏幕亮度，使其与环境亮度接近。此外，也要注意室内环境亮度，过亮或过暗都不适宜。

第三是注意用眼时长。

● 每隔 20 分钟

● 看向大约 6 米远的位置

● 持续 20 秒左右来放松眼睛

冰箱 不是保险柜

食材	冷冻保质期
红肉类	10～12个月
禽肉类	8～10个月
海鲜类	4个月左右
蔬菜类	5个月左右
速冻主食类	1～2个月
♥注意密封	

在食物保鲜这件事上，冰箱的确功不可没，但冰箱的低温也只能**减缓**细菌的生长速度，它并**不能杀菌**，而且有些细菌只是在低温环境下蛰伏，一旦回到常温环境里就会继续兴风作浪。

所以冰箱并非食品安全保险柜，所有食物**均应密封保存**。冷冻的食物一旦被解冻后，就不要二次冷冻了，冷冻前最好把食材**分装**成密封小包装，这样既安全卫生又避免浪费。

另外，不同的**食物冷冻保质期**也有差异。

● 红肉类可冷冻保存 10~12 个月

● 禽肉类可冷冻保存 8~10 个月

● 海鲜类可冷冻保存 4 个月左右

● 蔬菜类可冷冻保存 5 个月左右

● 速冻主食类可冷冻保存 1~2 个月

冷冻保存时，要特别注意容器或包装的密封性。

立秋

立秋，万物开始从繁茂成长趋向萧索成熟，
天气依然温热，但早晚渐渐微凉，渐行干燥。

每年公历8月 7 8 9 日交节

立秋前一日览镜

唐·李益

万事销身外，

生涯在镜中。

惟将两鬓雪，

明日对秋风。

腹泻时不要急于止泻

轮状病毒感染凶猛来袭。家长不要急于止泻，要重视补水，适当使用退热药，此外，要涂护臀霜隔离，保持孩子臀部干爽。

进入秋季，轮状病毒感染凶猛来袭。秋季腹泻重在护理，要注意4个要点：

不要忙着止泻。因为腹泻是人体将病菌排出体外的过程，所以家长不要急于止泻。

要重视补水。补充足够的液体不仅有利于预防脱水，还能加速体液循环，促进代谢，更有利于恢复健康。

适当使用退热药。由于轮状病毒感染可能引起发热，如果孩子体温超过38.5℃，可以服用退热药，退热药可以选含布洛芬或对乙酰氨基酚的药物，按照药品说明书的推荐，根据体重服用合适的剂量。

注意臀部护理。每次排便后用温和的清水淋洗，自然晾干或用吹风机吹干后涂抹厚厚的护臀霜再穿纸尿裤。

两个动作，让孩子体态更 美

卷腹

小燕飞

孩子如果存在坐姿不当、站姿不直的问题，原因大致有两个：

日常生活习惯不好

核心部位肌肉力量不足

因此在进行体态调整时，除了帮助孩子慢慢养成良好的坐、站习惯，同时可考虑借助卷腹、小燕飞等运动，来帮助他们锻炼肌肉力量。

卷腹可提升腹部肌肉力量，让孩子仰卧双膝并拢，双膝弯曲抬起小腿，大腿与床面垂直，小腿与床面平行，双臂交叉在胸前，双手轻放在肩膀上，眼睛看向大腿中间。

3秒 → 10次 → 2~3组/天

小燕飞可提升颈背部肌肉力量，让孩子俯卧在地垫上，四肢向外伸直、向上抬起。

10秒 → 10次 → 2~3组/天

立秋

吃**肉**贴秋膘靠谱吗?

传统观念中，肉是黄金的营养来源，但其实不同的食物有不同的"特长"，营养摄入均衡、全面才是关键。

在我国的传统民俗中，立秋时素来有"吃肉贴秋膘"的习俗。的确，肉类富含蛋白质、脂肪等，能为人体提供多种必需的营养元素，加之在传统观念中，肉是黄金的营养来源，因此很多家长在潜意识中就会认为：要想给孩子补充营养，首选当然是吃肉。

但其实不同的食物有不同的"特长"，如蔬菜中维生素更多，而米、面等则为孩子提供生长发育所必需的碳水化合物，因此想要孩子健康成长，营养均衡、全面才是关键，蛋白质、脂肪、维生素、碳水化合物、矿物质、微量元素等都需要足量摄入。

家里有**宠**物，
为啥要消毒？

在日常生活中用各种方式
给宠物消毒，这种做法坚
决不可取。

有些养了猫、狗等宠物的家庭，家长由于担心宠物身上会有病菌影响孩子的健康，于是就会在日常生活中用各种方式给宠物消毒，但这种做法坚决不可取。

事实上，家庭中的宠物在做好防疫、驱虫等工作的基础上，正常接触并不会对身体产生不良影响，我们生存的自然环境本就是有菌的，环境中的细菌也是人体建立全身免疫的重要组成部分；如果频繁给宠物消毒，不仅对宠物的健康不利，孩子和宠物玩耍时，宠物身上残留的消毒剂等也会对孩子的健康造成伤害。

处暑

处暑的"处"是指终止，
处暑的意义是"暑热要正式结束了"。

每年公历 8 月 22 23 24 日交节

山居秋暝

唐·王维

空山新雨后，天气晚来秋。

明月松间照，清泉石上流。

竹喧归浣女，莲动下渔舟。

随意春芳歇，王孙自可留。

多喝水解决不了
便秘问题

多喝水就能解决便秘问题吗？
答案是不能！正确做法是：增
加食物纤维素的摄入，避免滥
用各种形式的消毒剂。

入秋之后，天气干燥，便秘问题又悄悄找上门。孩子出现便秘该怎么办呢？

多喝水就能解决便秘问题吗？

答案是**不能**！

因为喝下去的水，大多会以尿液的形式排出体外，而大便中的水分，其实是由大肠（结肠）中的细菌败解食物残渣中的纤维素后产生的，因此如果孩子确实便秘了，多喝水并不能解决问题，而是要增加食物纤维素的摄入，比如多吃绿叶蔬菜、水果；同时如果有需要，也可在医生指导下有针对性地补充一些活性益生菌，此外，还要逐步养成健康生活方式，例如家中避免滥用各种形式的消毒剂及相关产品等，以免影响孩子肠道菌群的建立，破坏肠道菌群的平衡。

打完疫苗就一定不得病了吗?

接种疫苗的本质是通过人为的干预，让身体模拟生病的过程，进而对某种病菌或病毒产生抵抗力。因此打过疫苗的孩子虽不能 100% 不生病，但极少会出现重症，并且康复的速度也会更快一些。

很多家长疑惑为何孩子已经接种过疫苗，却仍然会感染相应的疾病？事实上，接种疫苗的本质是通过人为的干预，让身体**模拟**生病的过程，进而对某种病菌或病毒产生抵抗力，在下次遇到同样的病菌或病毒时，身体的免疫系统能够迅速进入战斗状态，奋勇"杀敌"，用尽可能短的时间恢复健康。

另外，有些疾病是由一类病菌或病毒引起的，而疫苗只能预防其中某一种或某几种"毒力比较强大"的病菌或病毒，如手足口病疫苗，预防的是肠道病毒 71 型，简称 EV71 型病毒引起的重症手足口病，因此打过手足口疫苗的孩子仍然可能会得手足口病，但极少会出现重症，并且康复的速度也会相对快一些。

由此可见，疫苗接种的目的是尽量**减少**某种疾病的得病率和重症率，把疾病给孩子身体带来的损害降到最低，但不能保证孩子不再生相应疾病。

啃玉米棒也能**练**发音

如果孩子说话时存在发音、吐字不清的问题，不仅会影响他和同龄孩子的社交，还有可能会因为别人总听不懂自己说话而产生心理压力，进而影响心理健康，因此家长一定要重视。

通常，孩子发音不清晰很可能与口唇肌发育不良有关，家长可以带孩子到口腔科就诊，请医生评估具体情况并给出训练建议。

在日常生活中，我们也可以用各种游戏、饮食等不同方法来进行刺激练习。

- 吹气球、哨子
- 用吸管吹乒乓球
- 啃咬嫩玉米棒或棒骨

让孩子在玩耍和吃饭的过程中锻炼口周肌肉。

处暑

准备充分
上学啦！

家长提前帮助孩子调整作息

培养生活自理能力

做好心理建设

暑假即将结束，已经入园、入学的孩子即将回到幼儿园和学校。放假期间家庭作息安排相对松散，这就需要家长提前帮助孩子调整作息，例如每天的入睡和起床时间等。

　　如果是新入园的孩子，家长更要提前帮助他做好各方面准备，除了调整作息外，还要注意培养生活自理能力。

● 自己穿脱衣服、鞋子，自己吃饭、如厕等

● 教孩子主动说出需求，如"我想上厕所""我想喝水"等

● 提前带孩子去参观幼儿园、熟悉环境，或读一些和上幼儿园有关的绘本

　　帮助孩子做好心理建设，让入园更顺利。

白露

清晨时分，地面和叶子上有许多露珠，这是因为
夜晚水汽凝结在上面，故名白露。

每年公历 9 月 7 8 9 日交节

月夜忆舍弟

唐·杜甫

戍鼓断人行，边秋一雁声。

露从今夜白，月是故乡明。

有弟皆分散，无家问死生。

寄书长不达，况乃未休兵。

盐水喷鼻有方法

使用生理海盐水为孩子清洁鼻
腔要小心，清洁时尽量向鼻腔
外侧面黏膜喷雾或冲洗。

进入白露，天气逐渐变得干燥，鼻干问题便悄悄找上门来。有些家长会选择使用生理海盐水为孩子清洁鼻腔。清洁时尽量向鼻腔外侧面黏膜喷雾或冲洗，这是因为鼻中隔位置的黏膜相对脆弱，如果使用鼻喷剂长期刺激鼻中隔位置，有造成机械性损伤的风险。

生理海盐水虽然对于鼻腔有一定的清洁、杀菌、湿润作用，但不建议作为日常清洁使用。鼻腔黏膜自身的微生物屏障环境足以应付外界的刺激，只有在空气质量差时或出现鼻腔黏膜水肿时，可在医生指导下阶段性使用不同的生理海盐水洗鼻。

使用时，如果是鼻喷剂型，孩子这样做：

● 坐位或站立位

● 头轻微前倾，保持鼻孔自然朝向下方

家长使用鼻喷剂时，要注意以下3点：

● 喷时注意力道

● 不要插入鼻腔太深

● 尽量向鼻腔外侧面黏膜喷雾或冲洗

一招教你 **排痰**

天干物燥的环境下，孩子咳嗽是困扰家长的又一个问题，伴随着咳嗽还有痰多、影响睡眠等问题。首先你要知道的是，盲目止咳不可取。因为咳嗽是人体将病菌排出体外的一种方式，一味止咳反而给病菌帮了忙，它会隐藏在呼吸道内肆虐。因此，家长更该做的是帮助孩子排出痰液，想做到这一点要注重两步：

- 第一步可以雾化吸入生理盐水，湿化痰液使其容易被排出

- 第二步就是借助拍背的方式帮助孩子把痰液咳出

拍背时家长要持 空掌 ，保持胳膊不动， 手腕摆动 轻轻叩击孩子的后背，按照从下到上、从中心到两边的顺序，通过震动帮助孩子排出痰液。空掌拍背听上去声音很大，但实际孩子并不疼，因此不用太过担心。

延迟满足
不是事事都延迟

延迟满足的目标是让孩子甘愿
为更有价值的长远结果而放弃
即时满足的抉择取向，以及在
等待中提升自我控制能力。

不少家长都期待借助延迟满足来让孩子变得更有自制力。

但事实上，培养孩子自制力的关键，是让他学会等到合适的时间去做合适的事情，而非推迟满足所有的事。

延迟满足的**目标**也是让孩子甘愿为更有价值的长远结果而放弃即时满足的抉择取向，以及在等待中提升**自我控制**能力。

如果家长对于孩子的需求事事都推迟，故意不满足孩子的需求，**不加区别**地总是让孩子等待，反而会破坏孩子对父母的信任，让孩子变得没有安全感、习惯斤斤计较，还可能让孩子过于关注物质本身和自己的需要。

白露

为什么**饭后**
不宜剧烈运动?

进餐后,身体需要把比较多的血
液分配给胃肠道来帮助消化食物、
完成养分的吸收,而流向运动肌
肉系统的血液相对就减少了。

我们都有个**常识**：饭后不能立刻进行剧烈的运动。但这其中的原理是什么呢？

进餐后，身体需要**分配**更多的**血液给胃肠道**来帮助消化食物、完成养分的吸收，这样流向运动肌肉系统的血液相对就减少了，如果这时进行剧烈的运动会产生负面影响。

● 一方面四肢会因为血液减少而缺少灵活性，容易受伤

● 另一方面运动又会使得血液被"召唤"回四肢，妨碍胃肠的消化，加重胃肠的负担。经常在饭后马上进行剧烈运动，容易导致阑尾炎等情况的发生

因此，饭后半小时内要避免剧烈运动。

秋分

秋分,"分"即为"平分""半"的意思,
这天南北半球昼夜等长,昼夜温差加大,气温逐日下降。

每年公历 9 月 22 23 24 日交节

秋词

唐·刘禹锡

自古逢秋悲寂寥,

我言秋日胜春朝。

晴空一鹤排云上,

便引诗情到碧霄。

咳嗽总不好，
会不会变成**肺炎**？

咳嗽是一种自我保护机制，而肺炎则是指肺部出现了炎症，二者并不能画等号。

秋季天干物燥，孩子咳嗽的情况增多，不少家长担心孩子咳嗽总不好会变成肺炎。其实咳嗽是人体将呼吸道内的异物或气味排出的过程，属于一种自我保护机制，而肺炎则是指肺部出现了炎症，因此二者并不能画等号，咳嗽可能是肺炎的症状之一，但是绝对不可能成为诱因。

通常导致肺炎的原因有两个：

一是生活环境中的病原体感染，导致肺部发生了炎症反应。

二是孩子起初只是普通感冒等简单病症，但由于生病时抵抗力较低，容易被环境中，特别是医院内的感染源病菌再次感染，出现了继发性肺炎。肺炎确诊需要经过专业医生的检查，家长不要自行给孩子使用抗生素。

流感疫苗

需要全家接种

流感病毒变异很快，每年的流感疫苗都会针对本年度的病毒情况进行适当调整。流感疫苗接种后抗体持续不超过一年，因此流感疫苗需要年年接种。

每年从 9 月下旬开始，逐渐进入流感疫苗接种季，推荐接种时间基本集中在 9—11 月。由于流感病毒变异很快，因此每年的流感疫苗都会针对本年度的病毒情况进行适当调整；流感疫苗接种后人体内产生的抗体持续不超过一年，因此需要年年接种，才能起到很好的预防效果。

通常，孩子满 6 月龄后即可接种流感疫苗；6 月龄以上 3 岁以下的孩子首次接种时需要接种两剂，两剂之间时间间隔为 4 周以上，次年再接种，只接种一剂即可；3 岁以上的孩子首次接种，只需接种一剂。

需要提醒的是，流感疫苗需要全家接种，这样才能保证孩子的看护人和密切接触者能间接形成保护圈。

秋分

情绪是天生的，
表达是后学的

学习正确的表达情绪的方
式最重要的是明白行为的
界限，我们接纳的是孩子
的所有情绪，但不是包容
所有表达情绪的行为。

人的情绪虽然是天生的，但孩子需要在家长的引导下，学习正确的表达情绪的方式，其中最重要的就是明白**行为的界限**，知道什么是恰当的，什么是不妥的。家长在引导过程中，注意要接纳的是孩子的所有情绪，但不是包容所有表达情绪的**行为**。

孩子生气时打人，家长就要明白：

生气可以被理解并且被**接纳**

但打人这种不当行为就需要被正确**引导**

家长可以在孩子情绪激动时，先给他一个拥抱，让他感到自己的情绪被认同了，然后将他带离激起负面情绪的环境，待孩子**平静**下来后，再和他讲道理，告诉他哪些方式是错误的。

窝沟是啥？
为啥要封闭？

在牙齿的咬合面上，有很多凹凸不平的沟和窝，即窝沟，这些窝沟由于日常漱口和刷牙都比较**难清洁**，容易残留食物残渣，给口腔中的细菌可乘之机，提高患**龋齿**的风险。因此，口腔科医生会用高分子树脂材料将窝沟**填平**，让食物残渣等无处藏身，将细菌等阻挡在窝沟之外，这个过程就是窝沟封闭。

做窝沟封闭并**不会产生疼痛感**，使用的材料也很安全，孩子的磨牙萌出后，就可以考虑进行窝沟封闭了。

窝沟封闭的推荐时间：

● 乳磨牙，**3~4** 岁

● 六龄牙，**6~8** 岁

● 虎牙和十二龄牙，**11~13** 岁

寒露

寒露白天温热，夜间开始寒凉，
秋菊阵阵飘香，农民开始播种冬小麦了。

每年公历 10 月 7 8 9 日交节

天净沙·秋思

元·马致远

枯藤老树昏鸦，

小桥流水人家，

古道西风瘦马。

夕阳西下，

断肠人在天涯。

寒露

孩子穿多少？
标准在这里！

与成年人相比，孩子的基础代谢要更为旺盛，耐热能力相对较低，孩子究竟穿多少，应该向家中不怕冷的爸爸看齐，或者是和做家务的年轻家长穿得一样多即可。

进入寒露，气温逐渐下降，给孩子加件衣服成了很多家长关心的大事。但其实与成年人相比，孩子的基础代谢更为旺盛，耐热能力相对较低，与女性及老年人相比差异更为明显。因此妈妈或长辈感觉偏凉时，就误认为孩子小更为娇弱，更要注意保暖，但殊不知孩子此时可能已经被捂出了汗，反而会因为出汗遇冷而着凉。

孩子究竟穿多少合适呢？应该向家中不怕冷的爸爸看齐，或者是和做家务的年轻家长穿得一样多即可，家长可以常摸孩子后颈部位置，如果是温热的则说明他不冷，如果此处已经有汗则说明穿多了。另外，夜里睡觉时也要注意铺、盖、穿都不能过厚。

喝**酸奶**助消化?
它又不是胃酸

食物被消化需要规律的胃肠蠕动和消化酶，酸奶是发酵后的奶制品，既不能纠正胃肠蠕动情况，又不含消化酶，因此并没有助消化的功效。

酸奶口感偏酸，在人们的常识中，酸味可刺激食欲，有促进肠胃蠕动、助消化的作用。因此，人们不知不觉就将酸奶与"助消化"画上了等号。真相是什么呢？

酸奶 ≠ 助消化

　　其实食物**被消化**需要规律的胃肠蠕动和消化酶，酸奶是发酵后的奶制品，既不能纠正胃肠蠕动情况，又不含消化酶，因此并没有助消化的功效。即便是添加了益生菌的酸奶，且其中的益生菌为足量的活菌，它的作用也仅仅是调节肠道菌群平衡，与消化并无关系，但也许对食物吸收有一定的帮助。

　　由于酸奶饱腹感比较强，饭后喝下只会让胃部感觉更胀，人们需要花费更多力气去消化。

孩子流鼻血了？
这样做！

保持头部
略向前、向下倾斜

止血时
不要让孩子仰头

秋季空气中水分变少了，孩子鼻腔内毛细血管脆弱，流鼻血的情况增多，家长了解正确的**止血**方式就显得很重要，遇到孩子流鼻血时，我们可以引导孩子这样做：

- 保持头部略向前、向下倾斜
- 用食指压住出血侧的鼻翼
- 向鼻中隔方向进行按压，并且按压的面积要尽可能大
- 保持 **5~10** 分钟后轻轻松开即可

如果按压过程中，鼻血依旧较难止住，可用干净的**卫生棉球**进行填塞，注意不要使用卫生纸，因为纸团相对较硬，易给本就脆弱的鼻黏膜加重损伤。

止血时**不要让孩子仰头**，这种动作虽然看似鼻血不再流出，但很有可能会倒流进咽部，造成呛咳等问题。

其实，孩子**愿意**
和你们一起吃饭

想要营造良好的进餐氛围，要选择固定的就餐地点。全家共餐，父母和家人不在一旁"参观"，不做其他的事。

孩子吃饭不专心，需要家长追着喂等现象，都说明进餐习惯没有建立好，而这其中一个常被忽视的关键要素就是：进餐氛围。

想要营造良好的进餐氛围，首先要选择固定的就餐地点，最好就是大人吃饭的餐桌，孩子处在一个平时总能看到别人吃饭的环境里，自然也会想到要吃饭这件事。如果就餐地点过于随意，且经常变换，比如沙发上、游戏区、地垫上等，孩子很容易因为环境原因边吃边玩。

其次要注意全家共餐，如果在自己吃饭时，父母和家人只在一旁"参观"，或在做其他的事，那么孩子自然也难保持专心，食欲也会大打折扣。

霜降

霜降节气含有天气渐冷、初霜出现的意思，是秋季的最后一个节气，也意味着秋天即将结束。

每年公历 10 月 23 24 日交节

山行

唐·杜牧

远上寒山石径斜，

白云生处有人家。

停车坐爱枫林晚，

霜叶红于二月花。

该**调**整

孩子户外活动时间啦

推荐 10:00-15:00 带孩子到日照比较好的地方进行活动，每次活动 1~2 小时即可。尽量采取洋葱式穿法。

霜降时节，天气越来越冷，家长可相对灵活地调整户外活动时间，并选择适宜的户外活动地点。与夏季不同，冬季推荐 **10:00-15:00** 带孩子到日照比较好的地方进行活动，每次活动 1~2 小时即可。

户外活动时，可以采取 **洋葱式** 穿法，即 **多穿几层厚度接近的衣服** ，孩子感到热或轻微有汗时可以脱掉一层，要避免厚外套 + 薄衣服的穿法，以免骤然脱掉外套，剩余的衣服过薄会使孩子着凉，又或者始终不敢脱外套，孩子活动后满头大汗，易受凉感冒。

我**陪**您护理
发烧的孩子

霜降

体温超过 38.5℃，孩子伴有不适表现时，可以使用退烧药。保证充足的液体摄入，加速体液循环协助降温。适当调高室内温度、减少穿盖，加快皮肤散热。

孩子发烧时，临床上体温**超过 38.5℃**并且孩子有不适表现时（有热性惊厥史的体温38℃），可以使用**退烧药**。儿童要选择含布洛芬和对乙酰氨基酚成分的退烧药，常见剂型分为混悬液和滴剂，使用时要根据药品说明书上的推荐剂量，根据孩子的**体重计算**后得出用量（参考药量见附录）。

退热过程中要保证充足的液体摄入，加速体液循环协助降温，也可适当调高室内温度、减少穿盖，加快皮肤散热。

如果孩子的体温**已不再上升**，可考虑洗温水澡或者用温水擦身来帮助散热，但体温**仍在上升**的过程中尽量不用此方法，这个阶段孩子会觉得冷，再帮助散热可能会让他觉得不舒服。

玩**球**的好处居然这么多

一岁半

2 岁后

3 岁后

有种游戏可以让孩子从小玩到大，那就是球类运动。

通常，在孩子一岁半以后，手臂就具备足够的协调能力，就可以开始玩球了。在这个时期，家长可以选择比较软的、能滚动的球，如海绵球，然后将球放在地上向孩子滚过去，让他抓住并且把球滚回来，这个玩球游戏可以锻炼孩子的手眼协调性和敏捷度。

2岁后，家长可以和孩子一起踢球，让他有更多锻炼跑步的机会，增强腹部和腿部的肌肉力量，同时也锻炼身体的协调性。

3岁后，可以开始练习拍球，锻炼手眼协调性和平衡性，同时手臂各肌肉群也能得到锻炼。

耐寒训练这样做

第一步可以从少穿一件衣服开始。第二步坚持一定量的户外运动。此外，可以尝试用水龙头中放出的常温水洗脸、洗手。

为了让孩子更好地适应四季的温度变化，增强孩子的适应能力，可以给他进行**耐寒训练**。当然，耐寒并不意味着故意让孩子挨冻，而是让他通过循序渐进的锻炼，在寒冷的天气中也能正常地进行日常活动。

第一步可以从少穿一件衣服开始，孩子的新陈代谢旺盛，且日常运动量较大，因此可以比成人少穿一件衣服。

第二步就是坚持一定量的户外运动，能够逐步提高孩子抵抗寒冷的能力，增强抵抗力。

此外，日常洗脸、洗手的水，也可以尝试用水龙头中放出的常温水，让孩子逐渐适应。

立冬

立冬是冬季的第一个节气，预示着冬天来了，冬藏开始了，是一年中享受丰收、休养生息的时候。

每年公历 11 月 7 8 日交节

早寒有怀

唐·孟浩然

木落雁南度，北风江上寒。

我家襄水曲，遥隔楚云端。

乡泪客中尽，孤帆天际看。

迷津欲有问，平海夕漫漫。

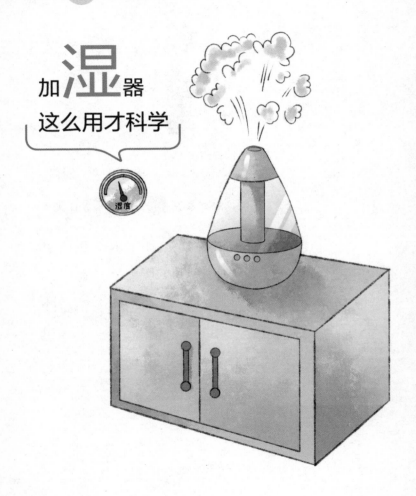

加**湿**器
这么用才科学

冬季空气干燥，很多家长会用加湿器来改善室内的湿度，但一定要注意正确使用方法，否则不仅于健康无益，反而可能给孩子带来伤害。

加湿器的贮水槽或排气管道在长期湿润的环境下，容易产生霉菌，清理不及时，会随着排出的湿气扩散到整个房间中，被孩子吸入后影响健康，如果孩子对霉菌过敏，则危害更大。因此，要注意每天清洗加湿器内部，包括加湿器的滤网，倒掉上次使用时剩余的水。

另外要注意控制湿度，空气过度湿润同样容易滋生病菌，因此使用加湿器时要注意将室内湿度控制在40%~60%，同时注意定期开窗通风，保持空气流通。

绝对不推荐室内恒温、恒湿！因为持续恒温、恒湿会削弱皮肤和呼吸道的适应性。

孩子不宜泡温泉

温泉大多是多人共浴，卫生条件较差，容易感染皮肤类疾病。温泉水温通常高于人体温度，会加快人体新陈代谢与血液循环，导致大脑缺氧。

冬季泡温泉的确是种享受，但不建议3岁以下的孩子泡温泉，这是因为温泉大多是多人共浴，卫生条件相对较差，孩子的皮肤较为敏感且角质层较薄，相比成人更容易感染皮肤类疾病。很多温泉中的矿物质比较丰富，有些矿物质并不适合婴幼儿，也会给身体带来不利影响。

此外，温泉水温通常高于人体温度，高水温会加快人体新陈代谢与血液循环，使得大脑中的血液加速流向身体各处，导致大脑缺氧，使孩子出现憋气、呼吸困难等症状。

3岁以上的孩子，即便可以尝试泡温泉，也要注意尽量选择非多人共浴、可以自行更换温泉水的场所，且水温不要过高，每次泡的时间不要过久，5~10分钟即可，泡过温泉后要注意用清水冲洗身体。

手上长倒刺是缺乏营养素?

孩子手上的倒刺和营养状况关系不大，与它真正有关系的是皮肤干燥。此外，机械摩擦比较多，也可能出现倒刺。

进入寒冷干燥的冬季，不少孩子手上的倒刺变得越发多起来，家长不免感到疑惑，会不会是孩子缺乏什么营养素导致的呢？

其实孩子手上的倒刺和营养状况**关系不大**，与它真正有关系的是**皮肤干燥**，日常生活中洗手过于频繁、总用湿巾擦拭，都会导致局部皮肤出现倒刺。

此外，如果孩子平时**爱吃手**，或者习惯用"大把抓"等抓握方式拿东西，就会造成**机械摩擦**比较多，容易出现倒刺。

家长在护理的时候，注意**不要**用手**撕倒刺**，而是要用指甲剪**剪掉**，日常可以多涂抹润肤产品。

立冬

骨头**汤**补钙
是真不靠谱！

骨头汤中更多的是脂肪，钙的含量并不高，给孩子喝大量骨头汤也并不能起到理想中补钙的效果，反而会影响主食、菜、肉的摄入。

进入冬季，寒冷的天气让人不禁想吃点热乎的食物，在不少家庭里，热乎乎的汤就成了给身体温暖的首选，但孩子胃容量小，喝汤过多可能影响正餐的食量。

喝汤过多可能影响正餐的食量

汤并不如我们想的有营养

例如家长爱给孩子喝骨头汤，认为能补钙，但骨头汤中更多的是脂肪，钙的含量并不高，给孩子喝大量骨头汤也并不能起到理想中补钙的效果，反而会影响主食、菜、肉的摄入。因此冬季适量喝一小碗汤没有问题，但是不要期待能靠"喝汤进补"，而要追求营养均衡全面。

小雪

小雪期间的气候虽寒但未深，降水不多，故称"小雪"。

俗语道："小雪雪满天，来年必丰年。"

每年公历 **11** 月 **22** **23** 日交节

小雪

唐·戴叔伦

花雪随风不厌看，

更多还肯失林峦。

愁人正在书窗下，

一片飞来一片寒。

保暖也要入乡随**俗**

冬季虽然要注意保暖，但孩子运动量大，新陈代谢比较快，会常出汗，加上室内外存在温差，因此衣服可能需较频繁穿脱。为能及时、适当地帮助孩子增减衣服，冬季穿衣确实要讲究，而且根据南北方情况不同，各地孩子的穿衣原则也有差异。

一般来说，北方冬季室内外温差大，适合穿厚外套＋薄毛衣，穿得像个包子似的；南方大部分地区室内外温差相对小、空气湿度较大，适合一层又一层的洋葱式穿法。

北方
包子式穿法

南方
洋葱式穿法

小雪

遵循疫苗接种间**隔**
没选择

建议家长严格遵守这一间隔，
不要人为拉长。如果延迟得太
久，则需要咨询医生确定后续
接种方案。

如果疫苗需要接种两剂或更多剂次时，会有推荐的接种间隔，通常我们建议家长**严格遵守**这一间隔，不要人为拉长。如果孩子因为生病等原因，导致疫苗没有能够按时接种，应该在身体恢复后或条件允许的情况下，尽快完成补种。

通常情况下，加强针与前一针之间的间隔稍有拉长，不太会影响接种效果，但是如果延迟得太久，则需要咨询医生确定后续方案。

虽然对于延迟接种太久对疫苗的保护效力具体会有怎样的影响，并没有确切研究结果，稳妥起见，家长还是尽可能按时带孩子接种疫苗，按时接种是对孩子最及时的保护。

多补DHA
孩子也不会更聪明

DHA的学名是二十二碳六烯酸，是一种长链多不饱和脂肪酸，本质上属于脂肪，如果摄入的量超过身体所需，多余的部分就会被当作能量消耗掉。

DHA 素有"脑黄金"的别称，这是因为它是大脑和视网膜的重要成分，同时也能促进和维持神经细胞生长，还能促进免疫成熟，因此它对于孩子的智力和视力发育都有着至关重要的作用。

那是不是 DHA 补得越多，孩子就越聪明呢？

其实，DHA 的学名是二十二碳六烯酸，是一种长链多不饱和脂肪酸，本质上属于脂肪，如果摄入的量超过身体所需，多余的部分就会被当作能量消耗掉。婴儿可以从母乳中获得足够的 DHA，幼儿和儿童可以从富含脂肪的海鱼、虾、蟹、海带、紫菜、裙带菜，以及蛋黄中获得较为丰富的 DHA，一般不需要额外补充，更不是补得越多越好。

警惕隐藏在家里的消毒剂

消毒剂残留，可能会被孩子吃进嘴里，当累积量达到一定程度后会影响肠道菌群平衡。使用免洗洗手液时，用自备清水冲洗干净。

如果直接问及"家中是否使用消毒剂",家长大多都是坚定地回答"不用",但是仔细探究起来就会发现,其实很多家庭中,隐藏着不少消毒剂的身影。除了常见的酒精、84 消毒剂,含消毒剂成分的奶瓶清洗液、洗衣液、湿巾、免洗洗手液等也都在消毒剂的队列中。

如果每天频繁使用各种消毒剂,餐具、玩具、家具等不同表面的消毒剂残留可能会被孩子吃进嘴里,当累积量达到一定程度后会影响肠道菌群平衡。

因此,家长要特别警惕避免滥用消毒剂,外出确实需要使用免洗洗手液时,最好用自备清水冲洗干净。

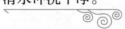

大雪

大家都说"小雪腌菜，大雪腌肉"，
人们都忙着迎接新年了。

每年公历 12 月 6 7 8 日交节

江雪

唐·柳宗元

千山鸟飞绝，

万径人踪灭。

孤舟蓑笠翁，

独钓寒江雪。

激素药膏使用量

用你的手指肚来判断

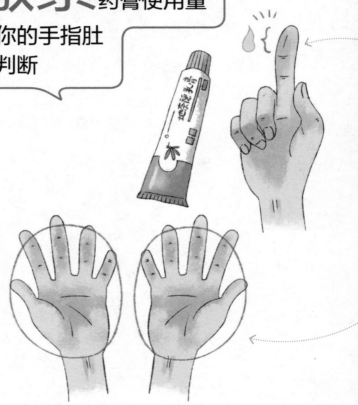

如果孩子湿疹严重，医生很可能会建议使用外用激素药膏进行治疗。较常用的药膏：

0.05% 地奈德

0.1% 丁酸氢化可的松

涂抹时，用量需依据**指尖单位**给药，具体的判断方法是，从标准的包装软管中将药膏挤到成人食指指尖。

> 取一个指节长度的药膏量，涂抹成人两个
> 手掌范围的皮肤。

湿疹严重时，可一天使用两次，症状缓解后每天使用一次即可，待湿疹变为轻度时，减少至每周两三次，直到湿疹完全消失之后再停用。使用过程中不要擅自减量和停药，以免湿疹反复。

给孩子穿靴子
不如穿厚运动鞋

如果靴子过厚，脚容易出汗，如果靴筒较高，会使踝关节活动受限，孩子做跑、跳等运动时还有出现扭伤的风险。

一双小冬靴，看着漂亮，穿着暖和，但家长需要注意的是，孩子和成人不同，日常活动量较大，如果靴子过**厚**，脚容易出汗，不仅不舒服，还容易着凉。如果靴筒较**高**，会使踝关节活动**受限**，孩子做跑、跳等运动时还有出现**扭伤**的风险。

因此孩子冬季日常还是以穿着较厚的运动鞋为宜，选鞋时除了注意选比孩子脚长**大1厘米**的尺码外，也可以看孩子穿着后走路时的情况。

脚跟抬起后，鞋底弯曲的位置距离鞋尖距离		
<1/3	=1/3	>1/3
大	合适	小

退热贴退热靠谱吗？

孩子发热时，提高室温、减少穿盖、适时洗温水澡、温湿敷等方式，能够在一定程度上帮助皮肤散热。退热贴把热量锁在体内，不仅不能帮助退热，反而不利于散热。

遇到孩子发热时，有些家长习惯使用退热贴，但事实上，退热贴的退热效果**并不理想**。这是因为人在发热时，身体散热的渠道包含以下三种：

- 皮肤散热——最主要、最基础的散热形式
- 呼吸散热
- 排便散热

因此，孩子发热时，提高室温、减少穿盖、适时洗温水澡、温湿敷等方式，都能够在一定程度上帮助皮肤散热。

退热贴由于温度较低，会使局部皮肤血管收缩，虽然皮肤温度摸上去没有那么烫，但退热贴却会把热量锁在体内，并不利于散热，因此退热贴并不能帮助退热，只能用于安抚家长焦虑的心情。

不要迷信"儿童食品"

"儿童食品"多是再制造产品！即使是有了相应的标注，家长在购买和使用时仍然需要仔细看营养标签，了解清楚各种成分的含量。

很多家长认为,给孩子选择了标有"儿童专属"的食品或调味品,就可以毫无负担地使用,但事实上,"儿童食品"多是**再制造**产品!即使是有了相应的标注,家长在购买和使用时仍然需要仔细看**营养标签**,了解清楚各种成分的含量。例如有些所谓儿童专属的调味料,细看会发现**钠**含量并不比普通成人的调味料低,为孩子烹饪使用时,仍然要**注意控制用量**,不能仅凭产品名称就掉以轻心。

冬至

冬至是地球赤道以北地区白昼最短、黑夜最长的一天。

从这一天开始"数九"。

每年公历 12 月 21 22 23 日交节

冬柳

唐·陆龟蒙

柳汀斜对野人窗，

零落衰条傍晓江。

正是霜风飘断处，

寒鸥惊起一双双。

长期**坐**地垫
影响孩子正确坐姿

冬季，孩子在家中活动时间增多，无论是看书、拼图、画画，还是看电视等，大多以坐为主，家长就要特别观察并纠正孩子的坐姿，不良坐姿不仅影响身体姿态，还会导致健康问题。建议家长从孩子一岁半左右开始，不管是阅读还是玩耍，尽量在桌椅上完成。如果还坐在地垫上玩，孩子会弓腰、低头、歪着身子，时间长了对脊柱发育会产生不良影响，有可能造成脊柱侧弯。

椅面高度不要太高，保证孩子双脚可踩在地面上，小腿和大腿间能够成直角或略小于直角，这样的姿势能对上身提供有力支撑，让孩子能够坐直。桌面与椅面高度差要适宜，孩子身体正直，双臂自然下垂的状态下，桌面的高度应和孩子的肘部基本在同一水平线上。

免疫力"补"不出来

给孩子吃营养补剂效果有限，保护免疫力，家长还是要从日常养育方式入手。

说到保护免疫力，不少家长就会想到给孩子吃营养补剂。但其实保护免疫力是**综合作用**的结果，仅靠补充一种或者几种营养素效果实在有限，而且如果没有控制好剂量，可能会**影响**身体对其他营养素的**吸收**，严重时还可能出现**中毒**。

　　想要保护孩子的免疫力，家长还是要从日常养育方式入手，例如尽可能延长母乳喂养的时间，保证营养均衡的饮食，保证孩子日常有足量的运动，还要注意**不滥用**消毒剂和抗生素，保护肠道菌群。

　　至于营养补剂，要在医生确定孩子缺乏某种营养素，且依靠饮食补充已经无法满足身体需要时，才考虑遵医嘱补充。

生长发育需要的**糖**分从哪儿来？吃饭就够了！

孩子生长发育需要的糖分从日常三餐的正常饮食中摄入已经足够了，孩子吃糖过多不仅容易出现龋齿，还有引发近视、肥胖甚至糖尿病的风险。

不可否认，孩子的生长发育需要糖分，不过要注意的是，这些糖分从日常三餐的正常饮食，特别是粮食中摄入已经足够了，而糖果、糕点等甜品和甜饮料要尽量减少，这些食物和饮料吃喝起来没那么甜，但其实糖含量不见得少，比如有的酸奶就添加了大量的糖。人的味觉对酸更敏感，如果酸奶尝起来非常甜，那就说明其中添加了很多糖。

孩子吃糖过多不仅容易出现龋齿，还有引发近视、肥胖甚至糖尿病的风险。因此，虽然孩子生长发育过程中也需要糖，但保持正常饮食即可，糖果、糕点等甜品的摄入，要特别注意控制摄入量。

睡觉打呼噜就是睡得香?

3个月以内的婴儿，打呼噜多与生理结构有关，孩子已满3个月，情况没有改善，则需要就医。

孩子睡觉也会打鼾（俗称打呼噜）？会的，不同的年龄，打鼾的情况也不同。

如果是3个月以内的婴儿，打鼾多与生理结构有关，小宝宝鼻腔较窄，喉软骨较软，因此呼吸时会有呼噜声。这种情况会随孩子长大逐渐消失，如果孩子已满3个月，情况没有改善，则需要就医。

而幼儿或儿童睡觉打鼾，肯定不是睡得香，除了感冒期间鼻子不通气的原因外，可能有以下问题：

● 频繁的上呼吸道感染
● 反复发作的过敏性鼻炎、鼻窦炎、腺样体或扁桃体肿大
● 面部、颌骨和牙齿发育异常
● 超重或肥胖

如果家长发现孩子持续2~3周打鼾，且没有感冒等不舒服，变换睡觉姿势和枕头高度后情况没有明显改善，则最好带孩子去耳鼻喉科就诊。

小寒

小寒，意味着一年中最寒冷的日子开始了。

小寒时处二三九，天寒地冻冷到抖。

每年公历 1 月 5 6 7 日交节

雪晴晚望

唐·贾岛

倚杖望晴雪，溪云几万重。

樵人归白屋，寒日下危峰。

野火烧冈草，断烟生石松。

却回山寺路，闻打暮天钟。

小寒

腊八**粥**里的
健康饮食元素

喝腊八粥除弘扬中华传统文化外，对于增加孩子的饮食多样性也大有裨益，可以让孩子同时摄入多种营养成分，还能避免挑食。

腊八节在中国有着悠久的历史，在这一天喝腊八粥也是沿袭已久的传统。其实，除弘扬中华传统文化外，喝腊八粥对于增加孩子的饮食多样性也是大有裨益，这种将若干种食材混合在一起的方式，可以让孩子同时摄入多种营养成分，某种程度上还能避免挑食，比如孩子不喜欢红豆，但是腊八粥里的红豆味道不明显，就较容易被孩子接受。

其实这也是我们在辅食添加初期推荐的方式——根据中国大多数家庭的饮食习惯，可将主食、菜泥、肉泥等混合喂给孩子，一方面增加饮食的多样性，同时也能有效避免孩子挑食、偏食。

开窗通风为了什么？

紧闭门窗虽然能把部分灰尘隔绝在室外，却也给病菌传播创造了条件。在冬季，每日开窗通风两次，每次15分钟左右。

随着气温降低，许多家庭，特别是住在北方的家庭日常都会习惯紧闭门窗，一方面为了保暖，另一方面也是为减少雾霾等对室内空气质量的影响。但这样虽然能把部分灰尘隔绝在室外，却也给病菌传播创造了条件——感冒等病原菌存在于鼻咽部，通过呼吸和飞沫散播到空气当中，温热的密闭环境又利于病菌繁殖，会使室内病菌浓度增高，反而更容易让人生病。因此，即便是在冬季，每日也要保证开窗通风两次，每次15分钟左右，几个房间轮换开窗，让孩子待在未开窗的房间内。如果遇到雾霾天气，可以将空气净化器放在窗边。

口腔**健康**，
全家一起来保护

为避免孩子出现龋齿，家长对于孩子吃糖的事很在意，但有的家长可能不知道，口腔中的唾液也是细菌传播的载体，家长可能通过亲吻、用自己的餐具喂孩子等日常密切接触，将口中的致龋菌传给孩子，因此，家长要养成良好的卫生习惯，重视自己的牙齿健康，以免无意中把龋齿传给孩子。

　　此外，有的家长不明白孩子不怎么吃糖，为何还会出现龋齿呢？其实，龋齿的形成主要和牙齿上残留的糖分有关，致龋菌会使这些糖分代谢产生酸，进而腐蚀牙齿，形成龋洞。其实牙齿上的糖分并不一定来自糖果，食物残渣中同样有糖分，所以家长千万不要认为孩子只是吃了菜和饭，没有吃糖，就忽略了口腔清洁。

为什么**小**宝比大宝更容易生病?

因为大宝的外出活动机会多，会携带回一些病菌，小宝的抵抗力又比较弱，和大宝亲密接触后很容易被传染病菌。

家里有两个孩子的时候，家长可能会发现一个奇怪的现象，小宝即便不怎么出门，也比较容易生病。其实这是因为大宝的外出活动机会多，难免会携带回一些病菌，而小宝的抵抗力又比较弱，和大宝亲密接触后被传染了病菌，就会出现症状。

　　但是家长千万不要因此就把两个孩子隔离开，这样不利于手足关系的建立，从另一个角度讲，小宝得病早也并不全是坏事，提前通过生病获得免疫力，上幼儿园时被其他小朋友传染得病的概率就会大大降低。

大寒

大寒是最后一个节气，天气寒冷，冬去春来；
大寒一过，又开始新的一个轮回。

每年公历 1 月 20 21 日交节

夜雪

唐·白居易

已讶衾枕冷，

复见窗户明。

夜深知雪重，

时闻折竹声。

家里锻炼这样做

户外活动减少的情况下，为了保证孩子每日运动量，家长可以选择一些在家也能进行的体育活动。

大寒来临，气温已经接近全年最低，户外活动减少的情况下，为了保证孩子每日运动量，家长可以选择一些在家也能进行的体育活动。

小宝宝可以在保证安全的情况下
- 攀爬沙发
- 推拉较大型的玩具

大一点的孩子可以
- 扎马步、做瑜伽或低难度原地体操

这类运动虽然不拼速度，肢体活动的幅度也没那么大，但是也能锻炼到相应的肌肉群，同时因为孩子较长时间在一个小空间活动，也能锻炼耐力和坚毅力。

判断病情，只看**体温**不靠谱

孩子发烧时，体温的高低并不是判断病情严重与否的唯一标准，家长还应结合孩子的精神状态来进行综合判断。

大寒时节，进入一年当中较寒冷的时候，孩子更容易着凉，而一旦感冒发烧，看到飙升的体温家长往往会感到焦虑和紧张。

但事实上，孩子发烧时，体温的高低并**不是**判断病情严重与否的唯一标准，家长还应结合孩子的精神状态来进行综合判断，如果孩子看上去精神萎靡，那么即使体温有所下降，也应及时就医。

而如果孩子的体温虽然较高，但在服用退热药之后，或体温自行退下的阶段里精神良好、吃喝如常，则可先在家**继续观察**。

大寒

烫伤

如何处理才科学

20~30分钟

进入冬季，家庭中的取暖工具增多，虽然能够有效保证室内温度，但也容易引发烫伤等问题，家长有必要提前了解紧急处理措施，以便在发生意外时能给予及时、正确的处置。

小面积烫伤后，要及时将烫伤部位浸泡在冷水中，或者置于流动的冷水里冲洗，持续20~30分钟，然后用医用纱布或没有黏着力、干净的纸巾将皮肤表面轻轻拍干后立即送医。

如果烫伤面积较大且上面覆盖有衣物，不要撕扯以免伤害黏着在上面的皮肤，可先剪掉未附着在皮肤上的衣物，在烫伤面积小于全身面积的25%的情况下，可在注意保暖的前提下进行冷敷，但要记住让孩子手脚高于心脏，减轻水肿，然后立即送医。切忌对烫伤部位施加压力或擅自使用烫伤膏、牙膏、药、油等。

肥**胖**居然也是营养不良

过度肥胖不仅影响大运动发育，也会给心肺、关节等带来过重的负担，肥胖并不代表营养摄入情况好，反而是营养素摄入不全面的结果，是一种营养不良。

很多家长认为，孩子胖胖的说明营养吸收好，但其实过度肥胖不仅**影响**大运动发育，也会给心肺、关节等带来过重的**负担**，并且还会增加成年后患高血脂、高血压、脂肪肝、2 型糖尿病等疾病的风险。另外，家长要知道，肥胖并不代表营养摄入情况好，反而是营养素摄入**不全面**的结果，其实是一种营养不良。

因此家长要特别注意保证营养均衡，根据中国营养学会的膳食宝塔为孩子准备食物，谷物、蔬菜、水果、肉蛋等要均衡全面摄入，同时注意让孩子每日**保持 2 小时**左右的足量**运动**。

附录

美林 布洛芬混悬滴剂

用法说明：

布洛芬使用剂量为 10 毫克／千克，每 6 小时 1 次，24 小时内不超过 4 次。滴剂浓度为 40 毫克／毫升。

温馨提示：

1. 本表推荐剂量高于药品包装。请在服用期间确认没有同时服用其他含布洛芬的药品制剂。如医生另有剂量推荐，请以医嘱为准。

2. 体重高于 44 千克以上，可以参考成人剂量，每次 600 毫克或 2400 毫克／日（最高）或遵医嘱。

宝宝体重（千克）	4	6	8	10	12	14	16
剂量（毫克）	40	60	80	100	120	140	160
用量（毫升）	1	1.5	2	2.5	3	3.5	4

宝宝体重（千克）	18	20	22	24	26	28	30
剂量（毫克）	180	200	220	240	260	280	300
用量（毫升）	4.5	5	5.5	6	6.5	7	7.5

宝宝体重（千克）	32	34	36	38	40	42	44
剂量（毫克）	320	340	360	380	400	420	440
用量（毫升）	8	8.5	9	9.5	10	10.5	11

美林 布洛芬混悬液

用法说明：
布洛芬使用用剂量为 10 毫克／千克，每 6 小时 1 次，24 小时内不超过 4 次。混悬液浓度为 20 毫克／毫升。

温馨提示：
1. 本表推荐剂量高于药品包装。请在服用期间确认没有同时服用其他含有布洛芬的药品制剂。如医生另有剂量推荐，请以医嘱为准。
2. 体重高于 44 千克以上，可以参考成人剂量，每次 600 毫克或 2400 毫克／日（最高）或遵医嘱。

宝宝体重（千克）	4	6	8	10	12	14	16
剂量（毫克）	40	60	80	100	120	140	160
用量（毫升）	2	3	4	5	6	7	8

宝宝体重（千克）	18	20	22	24	26	28	30
剂量（毫克）	180	200	220	240	260	280	300
用量（毫升）	9	10	11	12	13	14	15

宝宝体重（千克）	32	34	36	38	40	42	44
剂量（毫克）	320	340	360	380	400	420	440
用量（毫升）	16	17	18	19	20	21	22

泰诺林 对乙酰氨基酚混悬液

用法说明：

对乙酰氨基酚使用剂量为 15 毫克／千克，每 4 小时 1 次，24 小时内不超过 5 次。混悬液浓度为 32 毫克／毫升

温馨提示：

1. 本表推荐剂量高于药品包装。请在服用期间确认没有同时服用其他含有对乙酰氨基酚的药品制剂。如医生另有剂量推荐，请以医嘱为准。

2. 体重高于 44 千克以上，可以参考成人剂量，每次 1000 毫克或 3000 毫克／日（最高）或遵医嘱。

宝宝体重（千克）	4	6	8	10	12	14	16
剂量（毫克）	60	90	120	150	180	210	240
用量（毫升）	1.5	2.5	3.5	4.5	5.5	6.5	7.5

宝宝体重（千克）	18	20	22	24	26	28	30
剂量（毫克）	270	300	330	360	390	420	450
用量（毫升）	8.5	9	10	11	12	13	14

宝宝体重（千克）	32	34	36	38	40	42	44
剂量（毫克）	480	510	540	570	600	630	660
用量（毫升）	15	16	16.5	17.5	18.5	19.5	20.5

泰诺林 对乙酰氨基酚混悬滴剂

用法说明：

对乙酰氨基酚使用剂量为 15 毫克／千克，每 4 小时 1 次，24 小时内不超过 5 次。滴剂浓度为 100 毫克／毫升。

温馨提示：

1. 本表推荐剂量高于药品包装。请在服用期间确认没有同时服用其他含有对乙酰氨基酚的药品制剂。如医生另有剂量推荐，请以医嘱为准。

2. 体重高于 44 千克以上，可以参考成人剂量，每次 1000 毫克或 3000 毫克／日（最高）或遵医嘱。

宝宝体重（千克）	4	6	8	10	12	14	16
剂量（毫克）	60	90	120	150	180	210	240
用量（毫升）	0.6	0.9	1.2	1.5	1.8	2.1	2.4

宝宝体重（千克）	18	20	22	24	26	28	30
剂量（毫克）	270	300	330	360	390	420	450
用量（毫升）	2.7	3.0	3.3	3.6	3.9	4.2	4.5

宝宝体重（千克）	32	34	36	38	40	42	44
剂量（毫克）	480	510	540	570	600	630	660
用量（毫升）	4.8	5.1	5.4	5.7	6.0	6.3	6.6

立春　雨水　惊蛰　春分

清明　谷雨　立夏　小满

芒种　夏至　小暑　大暑

立秋　处暑　白露　秋分

寒露　霜降　立冬　小雪

大雪　冬至　小寒　大寒